AF469789

L. JOLEAUD
DOCTEUR ÈS-SCIENCES, COLLABORATEUR A LA CARTE GÉOLOGIQUE DE L'ALGÉRIE

GÉOLOGIE
ET
PALÉONTOLOGIE
de la Plaine du Comtat
ET DE SES ABORDS

DESCRIPTION DES TERRAINS NÉOGÈNES

Fascicule II

MONTPELLIER
IMPRIMERIE MONTANE, SICARDI ET VALENTIN
3, Rue Ferdinand-Fabre, 3

1912

GÉOLOGIE

ET

PALÉONTOLOGIE

DE LA PLAINE DU COMTAT

ET DE SES ABORDS

DESCRIPTION DES TERRAINS NÉOGÈNES

II

SUPPLÉMENT A LA FAUNE DES VERTÉBRÉS ATLAS DE LA STRATIGRAPHIE
ET DE LA PALÉONTOLOGIE DES VERTÉBRÉS

Montpellier, — Imprimerie Montane, Sicardi & Valentin. — 1912.

Ex Libris.
Léonce
Joleaud

SUPPLÉMENT A LA FAUNE DES VERTÉBRÉS

Depuis l'impression de la partie de notre mémoire où a été traitée la Paléontologie des Vertébrés du Comtat, l'ensemble de nos matériaux a été sensiblement accru, tant à la suite de nos recherches personnelles, que du fait de communications de MM. Chatelet, d'Avignon, et Granet, de Roquemaure. Plusieurs espèces nouvelles pour notre région, sont venues ainsi s'ajouter à celles que nous avons décrites précédemment. D'autre part, l'examen de pièces en meilleur état de conservation, nous a amené à fixer définitivement plusieurs attributions génériques, restées jusqu'à ce jour assez incertaines.

Nous sommes heureux de pouvoir exprimer ici nos plus sincères remerciements à MM. Depéret, Roman et Granet, qui nous ont permis d'ajouter *Rhinoceros sansanensis* à la liste des fossiles du Miocène de Vaucluse. Nous tenons à exprimer en même temps toute notre reconnaissance à nos amis MM. Chatelet et Bartesago, qui ont largement contribué à l'achèvement de notre mémoire, le premier, en nous permettant d'utiliser ses collections, le second, en se chargeant des phototypies qui illustrent le présent fascicule.

Notidanus cf. repens Probst (Pl. IV, fig. 1-2)

1879, *Notidanus repens*, Probst, *Württ. Jahresh.*, XXXV, p. 163, pl. III, fig. 18-22.

M. Deydier a recueilli dans le Tortonien de Cucuron plusieurs dents latérales supérieures de *Notidamus*, qui ne diffèrent pas sensiblement par leurs dimensions des dents correspondantes de *N. primigenius* Ag. ; mais elles présentent, vers la base du bord antérieur de leur pointe principale, une ou deux pointes accessoires bien séparées qui rappellent celles des dents latérales supérieures de *N. repens* Pr. de l'Helvétien de Baltringen : elles se distinguent ainsi nettement de celles de *N. primigenius*.

Notidanus avenionensis nov. sp. (Pl. IV, fig. 4)

Nous avons rencontré dans l'Helvétien inférieur de Bonpas une dent latérale supérieure de *Notidanus* indiquant une espèce bien différente de celles jusqu'à présent décrites. De dimensions relativement faibles (hauteur totale : 9 m. m.), elle est en même temps très mince (épaisseur max. : $1^{mm},5$) ; sa face interne, en particulier, est très peu convexe. La pointe principale très allongée, très fine, légèrement sigmoïde, est séparée d'une pointe latérale antérieure également fine, allongée et sigmoïde, par un sinus presqu'aussi large qu'elle-même et à fond arrondi. Elle est suivie, à une certaine distance en arrière, de deux pointes accessoires, dont la seconde est plus haute que la première. La racine, qui ne présente pas de plis à la face interne, montre la structure spéciale des dents de *Notidanus*. Nous attribuons à cette nouvelle espèce le nom de *N. avenionensis*.

Centrophorus radicans Probst (Pl. VIII, fig. 5-13)

1879, *Acanthias radicans,* Probst, *Württ. Jahresh.*, XXXV, p. 173, pl. III, fig. 31-32.

1879, *Acanthias serratus*, Probst, *Württ. Jahresh.*. XXXV, p. 174. pl. III, fig. 33

Les sables et grès de Bonpas, nous ont fourni plusieurs petites dents verticales, étroites et allongées, provenant manifestement de la mâchoire supérieure d'un *Centrophorus* et présentant exactement la même structure que les dents obliques rapportées par Probst à *Acanthias radicans*. Ces dernières doivent donc être considérées comme les dents inférieures d'un *Centrophorus* et l'espèce de Probst doit désormais être appelée *Centrophorus radicans* Probst *sp.*

Odontaspis lineata Probst, var. minor nov. var. (Pl. IV, fig. 22)

On trouve à Bonpas outre la forme type abondante d'*Odontaspis lineata*, quelques dents qui ont le même galbe général, mais de bien plus petite taille, et ne portant sur la face interne qu'un petit nombre de costules. Nous donnons à cette variété l'épithète de *minor*.

Oxyrhina hastalis Agassiz, mut. tortonensis nov. mut. (Pl. IV, fig. 33-34)

Comme on peut le voir par la comparaison des figures 33 et 34 de la planche IV et des figures 14 à 17 de la planche VII, l'*Oxyrhina hastalis* du Tortonien est de dimensions beaucoup plus grandes que la forme burdigalienne, qui a persisté pendant l'Helvétien.

Rhynchobatus pristinus Probst sp. (Pl. VIII, fig. 25-30)

1877, *Pristis pristinus*, Probst, *Württ. Jahresh.*, XXXIII, p. 81, pl. I, fig. 17-18.
1877, *Pristis angustior*, Probst, *Württ Jahresh.*, XXXIII, p. 82, pl. I, fig. 19-20.

De très bons exemplaires trouvés récemment à Bonpas nous ont confirmé dans l'attribution au genre *Rhynchobatus*, des dents de Baltringen décrites par Probst comme dents de Pristis.

Pycnodus sp. (Pl. VII, fig. 19)

Nous avons recueilli dans l'Helvétien d'Entraigues, des dents présentant exactement les caractères de celles que M. Bassani (1) a rapportées à *Pycnodus* et qui provenaient du Miocène moyen des îles Tremiti. *Pycnodus* cependant est généralement considéré comme exclusivement éocène.

Scarus suevicus Probst (Pl. IX, fig. 10)

1874, *Scarus suevicus*, Probst, *Württ. Jahresh.*, XXX, p. 281, pl. III, fig. 6.

Notre figure représente un groupe de dents montrant tous les caractères de celles décrites autrefois par Probst, de l'Helvétien de Baltringen, sous le nom de *Scarus suevicus*. Elles ont été trouvées par notre ami M. Chatelet dans le Burdigalien supérieur aux carrières des Angles. Ces dents, groupées en quinconce, sont implantées obliquement, arrondies au sommet et creuses à l'intérieur.

Cybium (?) sp. (Pl. IX, fig. 1-5)

MM. Leriche (2) et Priem (3) rattachent au genre *Cybium*, de la famille des *Scombridæ*, des dents analogues à celles représentées par les figures 1 à 5 de la planche IX et que nous avions provisoirement rapprochées des espèces du genre *Saurocephalus* décrites par Münster.

Rhinoceros (Cerathorinus) sansanensis Lartet (Pl. X et XI)

1848, *Rhinoceros sansanensis*, Lartet *in* Laurillard, *Dict. univ. H. N.*, XI, p. 100.
1870, *Rhinoceros sansanensis*, Gervais, *Zool. et Paléont. gén.* (2), XXXIII, pl. 25.
1900, *Rhinoceros (Cerathorinus) sansanensis*, Osborn. *B. Amer. Mus. N. H.*, XIII, p. 258, fig. 13-14.

M. Granet a eu l'amabilité de nous communiquer une portion de mâchoire inférieure recueillie par lui dans l'Helvétien, au lieu

(1) *Rend. R. Acad. Sc. Fis. Mat. Napoli*, 1907, 5-7.
(2) *Mem. Mus. H. N. Belgique*, III, 1905, p. 130 ; *Mem. S. G. Nord*, V, 1906, p. 212 ; *Ann Univ Lyon*, nouv. ser., I, 22, 1908, p. 7.
(3) *B. S. G. F.*, 4, VI, 1906, p. 203.

dit La Garenne, près de la route de Grillon à Valréas. MM. Depéret et Roman, qui ont bien voulu examiner cette pièce, y ont reconnu le *Rhinoceros sansanensis* Lartet.

Cette portion de mandibule porte encore les trois molaires, dont l'ensemble mesure 110 millimètres de longueur environ. Comme dans toutes les dents inférieures de *Rhinoceros*, le croissant antérieur est sensiblement plus fort et plus arqué que le croissant postérieur. L'un et l'autre offrent la trace nette d'un bourrelet basal : ce dernier caractère, que M. Roman (1) vient d'observer sur les dents du *R. sansanensis* mut. de grande taille du Musée de Nérac, n'avait pas été indiqué par Filhol (2).

Hoplocetus sp.

M. Chatelet et nous, avons rencontré, dans le Burdigalien supérieur des carrières des Angles, une dent de Cétacé, dont la couronne, malheureusement incomplète, est séparée de la racine par un col bien marqué, au-dessous duquel la racine est brusquement très renflée : par ce caractère, notre dent se rattache au genre *Hoplocetus* Gervais et se sépare de *Physodon* Gervais.

Les dimensions (diamètre de la couronne à la base : 20 m.m. ; diamètre maximum de la racine : 30 m. m. ; longueur de la racine : 70 m. m.) sont presque celles des dents de *Physodon Lorteti* Depéret (3) ; mais notre dent est fusiforme, renflée au milieu, retrécie aux extrémités. La section de sa couronne est circulaire, celle de sa racine est, au contraire, nettement ovale.

L'axe de l'ensemble de cette dent est fortement arqué et la surface de son émail est très rugueuse. Elle se différencie du *Physodon leccense* Gervais (4), du Miocène supérieur de Lecce (Otrante, Italie) et du Miocène moyen de Baltringen (5).

Enfin elle se sépare de *Hoplocetus crassidens* du Vindobonien de Romans (6) et de Baltringen (5) par ses dimensions plus faibles et par sa racine proportionnellement moins renflée (longueur de la racine : 70 mm. au lieu de 94 à 110 ; diamètre de la racine 30 m.m. au lieu de 119 à 115 m.m.)

(1) *Ann. Soc. Linn. Lyon*, 8 mars 1909.
(2) *Ann. Sc. Géol.*, XXI, 1891, p. 194, pl. XIII-XIV.
(3) *Arch. Mus. H. N. Lyon*, IV, 1887, p. 276, pl. XIII, fig. 50.
(4) Gervais et Van Beneden, *Ostéog. Cétacés*, 1880, pl. XX, fig. 16-18.
(5) Probst, *Würtl. Jahresh.*, 1886, p. 106.
(6) Gervais, *Zool. et Paléont. fr.*, 1re éd., pl. XX, fig. 10-11

ATLAS

Des circonstances indépendantes de notre volonté nous ont empèché de joindre au premier fascicule les planches concernant la stratigraphie et la paléontologie (Vertébrés). Nous les annexons à ce deuxième fascicule.

PLANCHE I

Fig. 1. — Coupe du Miocène de Sauveterre. Échelles : long. $\frac{1}{10.000}$, haut. $\frac{1}{16.000}$.

Fig. 2. 3. — Coupes parallèles du Miocène de Barbentane. Échelles : long. $\frac{1}{32.000}$, haut. $\frac{1}{16.000}$.

Fig. 4. — Coupe du Néogène de Théziers. Échelles : long. $\frac{1}{16.000}$, haut. $\frac{1}{6.500}$.

Fig. 5. — Coupe transv. de la vallée du Rhône de Saint-Pierre-du-Terme au mas Livent. Échelles : long. $\frac{1}{20.000}$, haut. $\frac{1}{4.000}$.

Fig. 6. — Coupe de l'Oligocène et du Miocène d'Aramon à Saint-Pierre-du-Terme, suivant la voie ferrée. Échelles : long. $\frac{1}{20.000}$, haut. $\frac{1}{2.850}$.

Fig. 7. — Coupe du Miocène de La Vernède. Échelles : long. $\frac{1}{6.500}$, haut. $\frac{1}{650}$.

Fig. 8. — Coupe de l'Éocène et du Miocène à 1.500 m. à l'E. de Saint-Remy. Échelles : long. $\frac{1}{80.000}$, haut. $\frac{1}{16.000}$.

a. — Éboulis.
a^2. — Néopléistocène.
a^1. — Pléistocène.
P^1. — Sicilien.
P_{oa}. — Astien supérieur.
P_{ob}. — Astien inférieur marin.
$\underline{P_{ob}}$. — Astien inférieur lagunaire.
$P_{,}$. — Plaisancien.
m^3. — Tortonien.
m^{2d}. — Helvétien (sables).
m^{2c}. — Helvétien (grès à Cardites).
m^{2b}. — Helvétien (grès à Bryozoaires).
m^{2a}. — Helvétien (schlier).
$\underline{m^{2a}}$. — Helvétien (conglomérat).
m^{1b}. — Burdigalien supérieur (à *P. præscabriusculus*).
m^{1a}. — Burdigalien infr (*P. Davidi*).
$\underline{m^{1a}}$. — Burdigalien infr (conglomérat).
$m_{,}$. — Stampien supr (calc. à *Hel. cf. Ramondi*).
$m_{,,}$. — Stampien supr (calc. à *Melanoides Lauræ*).
$m_{,,,}$. — Stampien moyen et inférieur, Sannoisien.
$e_{,-,,}$. — Lutétien.
c^9. — Danien (Rognacien).
C. — Bauxite.
c^5. — Cénomanien supr (grès à *Ost. columba*).
c^4. — Cénomanien infr (marnes à petites *Ostrea*).
$\underline{c^4}$. — Cénomanien infr (grès à *Orb. concava*).
$c_{,}$. — Gargasien
$c_{,,}$. — Bedoulien.
$c_{,,,a}$. — Barrémien supérieur (calcaires urgoniens).
$c_{,,,b}$. — Barrémien moyen (marnes barutéliennes).
c_{IV}. — Barrémien infr et Hauterivien (calcaires cruasiens à grands *Ancyloceras* et à *Hopl. cruasensis*).
t. — Trias.

PLANCHE I

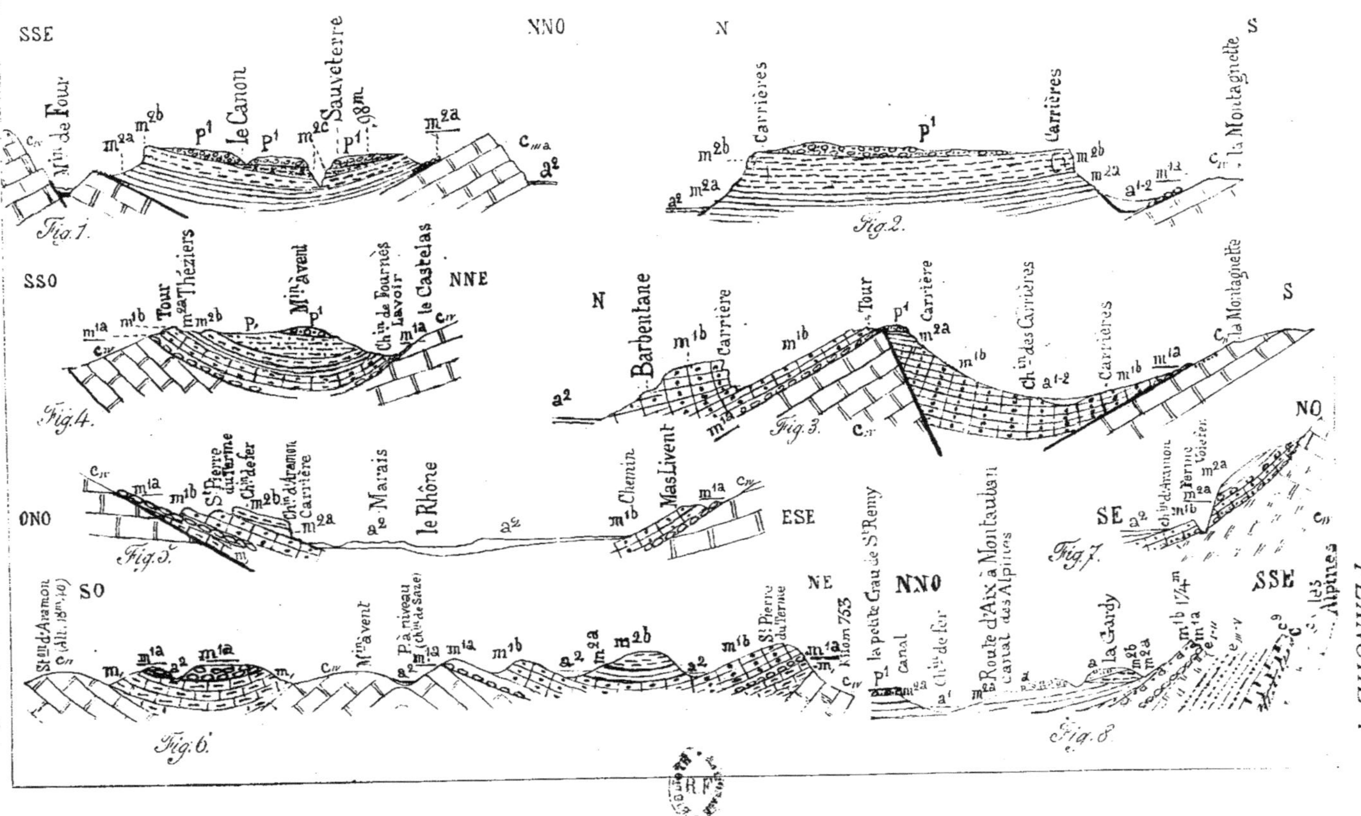

Bartésago phot.

Planche II

Fig. 9. — Coupe longit. des collines de Bédarrides, Sorgues, Vedènes et Saint-Saturnin. Échelles : long. $\frac{1}{80.000}$, haut. $\frac{1}{16.000}$ (on a exagéré l'épaisseur des assises pliocènes).

Fig. 10. — Coupe transv. de la colline de Sorgues, passant par le « Signal : 112^{m} » de la fig. 9. Échelles : long. $\frac{1}{80.000}$, haut. $\frac{1}{16.000}$.

Fig. 11 et 12. — Coupes transv. parallèles de la colline de Vedènes. Échelles : long. $\frac{1}{10.000}$, haut. $\frac{1}{8.000}$.

Fig. 13. — Coupe des rochers de Laurette, Mourgues et Saint-André, rive droite du Rhône, en face d'Avignon. Échelles : long. $\frac{1}{32.000}$, haut. $\frac{1}{6.500}$.

Fig. 14. — Coupe de Rochefort à Avignon (étang de Pujaut, plateau de Villeneuve, etc.). Échelles : long. $\frac{1}{40.000}$, haut. $\frac{1}{8.000}$ (l'étang de Pujaut n'a été que partiellement représenté dans cette fig. et dans la suiv.)

Fig. 15. — Coupe du Néogène de Théziers à Sauveterre par Saze et Pujaut. Échelles : long. $\frac{1}{80.000}$, haut. $\frac{1}{8.000}$.

La notation des terrains est conforme aux indications de la légende de la planche I.

PLANCHE II

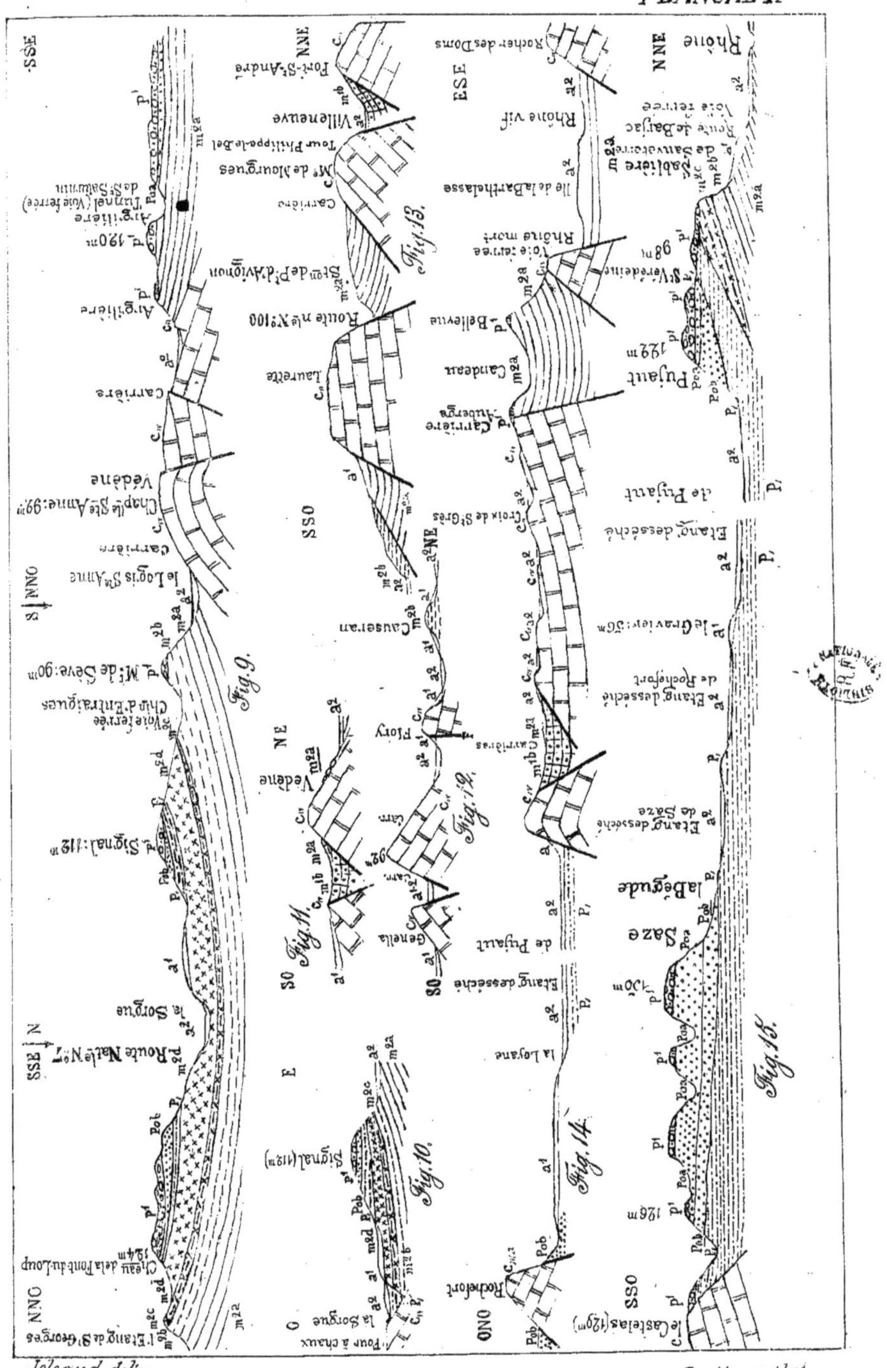

Joleaud delin.

Bartésago phot.

Planche III

Fig. 16. — Coupe schématique du château des Issards à la colline Cabrian. Échelles : long. $\frac{1}{40.000}$, haut. $\frac{1}{8.000}$.

Fig. 17. — Coupe de Maucail au mourre Saint-Laurent par la hauteur de Cabrières, le puits artésien et le village de Courthézon. Échelles : long. $\frac{1}{80.000}$, haut. $\frac{1}{16.000}$.

Fig. 18. — Coupe perpendiculaire à la précédente, passant par Maucail et le massif du Lampourdier. Échelles : long. $\frac{1}{80.000}$, haut. $\frac{1}{16.000}$.

Fig. 19. — Coupe du Néogène de Sorgues au Grand-Séguret par Courthézon. Échelles : long. $\frac{1}{80.000}$, haut. $\frac{1}{16.000}$.

Fig. 20. — Coupe transv. de la colline de Sorgues entre Sorgues et Entraigues. Échelles : long. $\frac{1}{80.000}$, haut. $\frac{1}{16.000}$.

Fig. 21, 22. — Coupe de la plaine de Carpentras (des montagnes de Gigondas au massif de l'Isle-sur-Sorgues par Beaumes, Aubignan et Pernes ; au 2e plan, colline de Saint-Donat. Échelles : long. $\frac{1}{130.000}$, haut. $\frac{1}{16.000}$.

Fig. 23. — Coupe de la vallée de la Durance par les rochers de Noves et de Caumont. Échelles : long. $\frac{1}{80.000}$, haut. $\frac{1}{16.000}$.

La notation des terrains est conforme aux indications de la légende de la planche I.

PLANCHE III

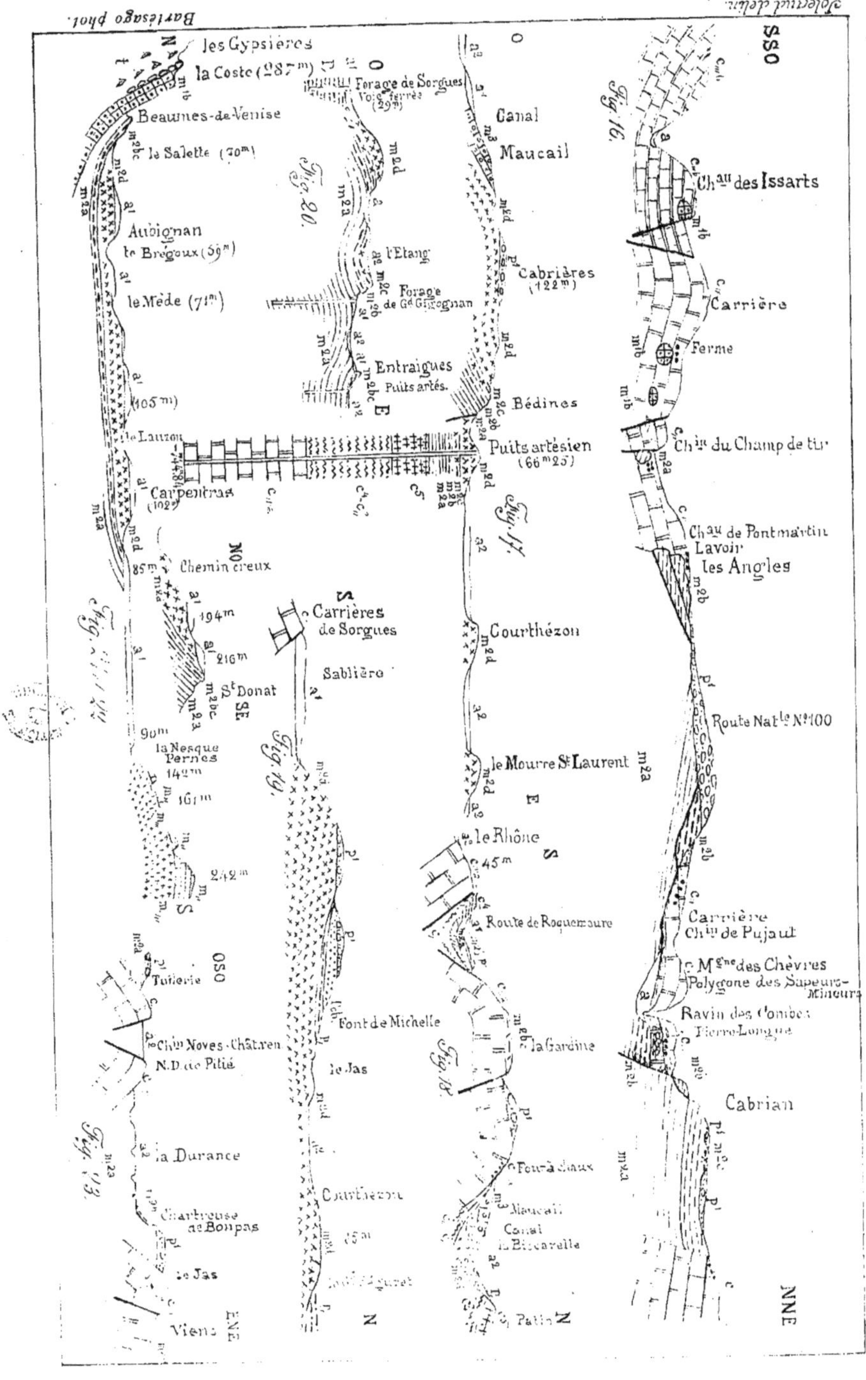

Joleaud delin.

Bartésago phot.

Dent

3. De
5. De

Dent

6-7.
8-9.

10. I
11. I
12. I

Dent

16-17.
18-20
21. I

Planche IV

Fig. 1-2. — *Notidanus cf. repens* Probst, p. 255.
Tortonien. Cucuron. — Coll. Deydier.
Dents sup^{res} (face interne. Échelle : $\frac{7}{10}$).

Fig. 3 et 5. — *Notidanus primigenius* Ag., p. 115.
Tortonien. Cucuron. — Coll. Deydier.
3. Dent sup^{re} (face interne. Échelle : $\frac{7}{10}$).
5. Dent inf^{re} (face interne. Échelle : $\frac{7}{10}$).

Fig. 4. — *Notidanus avenionensis nobis*, p. 255.
Helvétien. Bonpas. — Coll. Joleaud.
Dent sup^{re} (face interne. × 3).

Fig. 6-9. — *Hemipristis serra* Ag., p. 127.
Helvétien. Cucuron. — Coll. Deydier.
6-7. Dent antér^{re} (6, face interne ; 7, profil. Échelle : $\frac{7}{10}$).
Helvétien. Bonpas. — Coll. Joleaud.
8-9. Dent latérale (8, face interne ; 9, profil. Échelle : $\frac{7}{10}$).

Fig. 10-12. — *Galeocerdo aduncus* Ag., p. 129.
Tortonien. Rognes. — Coll. Joleaud.
10. Dent latérale-antér^{re} (face interne. Échelle : $\frac{7}{10}$).
Helvétien. Bonpas. — Coll. Joleaud.
11. Dent latérale-postér^{re} (face interne. Échelle : $\frac{7}{10}$).
12. Dent postér^{re} (face externe. Échelle : $\frac{7}{10}$).

Fig. 13-15. — *Carcharias speciosns* Probst, p. 198.
Helvétien. Bonpas. — Coll. Joleaud.
Dent latérale (13, face interne ; 14, face externe ; 15, profil. Échelle : $\frac{7}{10}$).

Fig. 16-21. — *Odontaspis contortidens* Ag., p. 137.
Helvétien. Bonpas. — Coll. Joleaud.
16-17. Dent symphysaire (16, face interne ; 17, profil. Échelle : $\frac{7}{10}$).
18-20. Dent latérale (18, profil ; 19, face externe ; 20, face interne. Échelle : $\frac{7}{10}$).
21. Dent postér^{re} (face interne. Échelle : $\frac{7}{10}$).

Fig. 22. — *Odontaspis lineata* Probst, var. *minor nobis*, p. 256.

Helvétien. Bonpas. — Coll. Joleaud.

Dent latérale (profil. × 7).

Fig. 23. — *Odontaspis cuspidata* Ag. sp., p. 138.

Helvétien. Cucuron. — Coll. Deydier.

Dent latérale (face interne. Échelle : $\frac{7}{10}$).

Fig. 24-28. — *Odontaspis ferox* Risso sp., var. *Bartesagoi nobis*, p. 201.

Plaisancien. Aramon. — Coll. Bartésago.

Dent latérale (24, face interne ; 25, profil ; 26, face externe ; 27, section transversale vers le tiers supérieur ; 28, section transversale vers le tiers inférieur. Échelle : $\frac{7}{10}$).

Fig. 29-31. — *Odontaspis molassica* Probst, p. 139.

Helvétien. Bonpas. — Coll. Joleaud.

Dent latérale (29, face. interne ; 30, section transversale vers le tiers supérieur ; 31, section transversale vers le tiers inférieur. Échelle : $\frac{7}{10}$).

Fig. 32. — *Lamna debilis* Probst, p. 140.

Helvétien. Bonpas. — Coll. Joleaud.

Dent latérale (face interne. Échelle : $\frac{7}{10}$).

Fig. 33-34. — *Oxyrhina hastalis* Ag., mut. *tortoniensis nobis*, p. 256.

Tortonien. Cucuron. — Coll. Deydier.

33. Dent latérale infre (face interne. Échelle : $\frac{7}{10}$).

Tortonien. Rognes. — Coll. Joleaud.

34. Dent latérale supre (face interne. Échelle : $\frac{7}{10}$).

PLANCHE IV

Joleaud delin.

Bartésago phot.

Planche V

Fig. 1-2. — *Carcharias Miqueli nobis*, p. 132, 195.
Helvétien. Bonpas. — Coll. Joleaud.
Dent latérale (1, face interne ; 2, face externe. × 3).

Fig. 3-6. — *Carcharias ungulatus* Münst. sp., p. 133.
Helvétien. Bonpas. — Coll. Joleaud.
3-5. Dent latérale (3, face interne ; 4, face externe ; 5, profil. × 3).
6. Dent latérale-postérre déformée (face interne. × 3).

Fig. 7. — *Carcharias (Aprionodon) stellatus* Probst, p. 134.
Helvétien. Bonpas. — Coll. Joleaud.
Dent latérale (face interne. × 3).

Fig. 8-11. — *Sphyrna prisca* Ag., p. 135.
Helvétien. Bonpas. — Coll. Joleaud.
8. Dent latérale-antérre (face externe. × 3).
10. Dent latérale (profil. × 3).
11. Dent latérale-postérre (face interne. × 3).
Burdigalien supér. Les Angles. — Coll. Joleaud.
9. Dent latérale (face interne. × 3).

Fig. 12-13. — *Odontaspis lineata* Probst, p. 138.
Helvétien. Bonpas. — Coll. Joleaud.
Dent latérale déformée (12, face interne ; 13, profil. × 3).

Fig. 14. — *Odontaspis contortidens* Ag., p. 137.
Helvétien. Bonpas. — Coll. Joleaud.
Couronne d'une dent latérale (face interne. × 3)

Fig. 15-16. — *Odontaspis Rutoti* Winkl. sp., p. 202.
Burdigalien supér. Les Angles. — Coll. Joleaud.
Couronne d'une dent latérale (15, face externe ; 16, profil. × 3)

Fig. 17-22. — *Squatina alata* Probst, p. 149.
Helvétien. Bonpas. — Coll. Joleaud.
17-20. Dent latérale (17, face externe ; 18, face interne ; 19, profil ; 20, vue en dessus. × 3).
21-22. Dent postérre (21, face externe ; 22, vue en dessus. × 10).

PLANCHE V

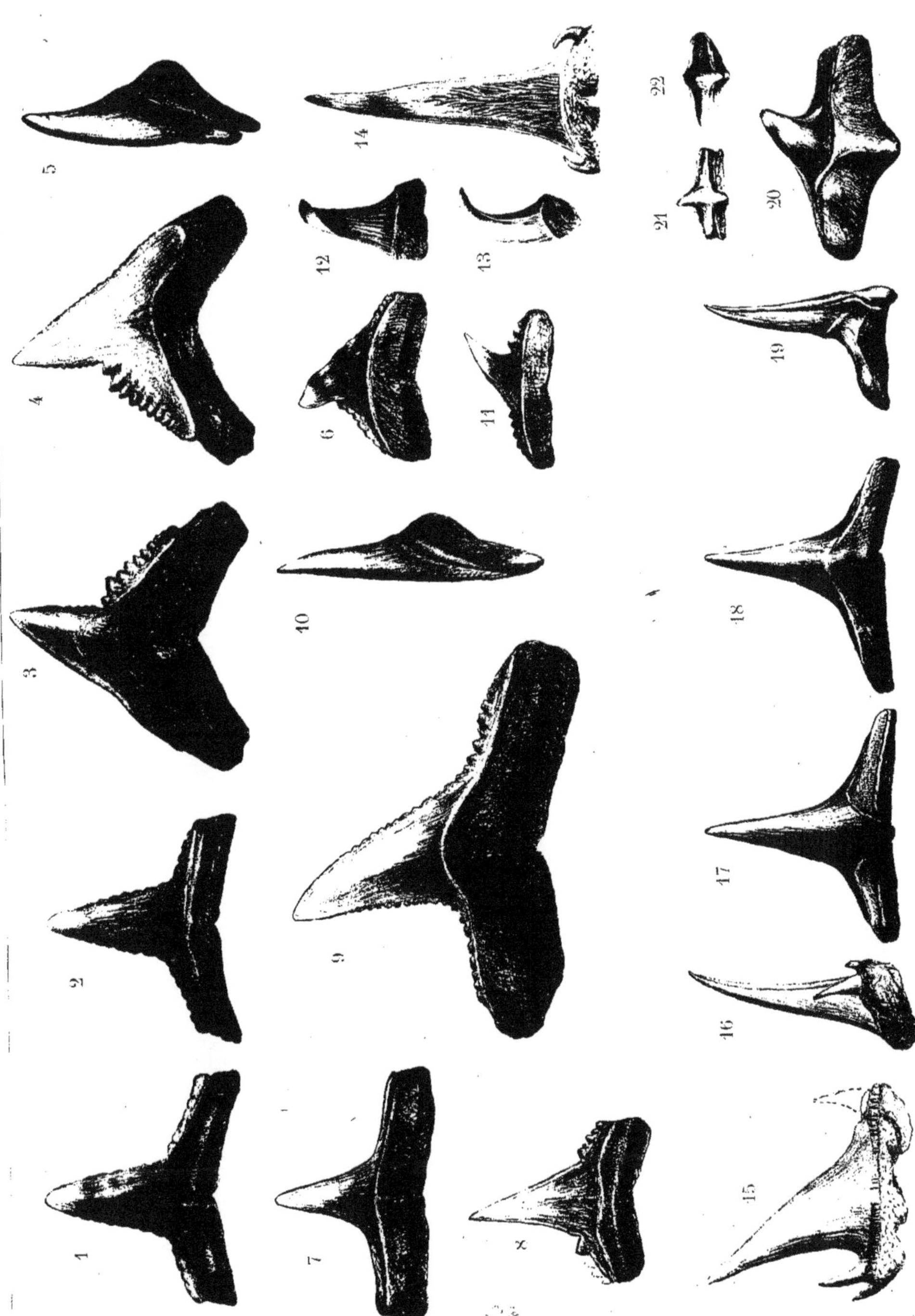

leand delin.

Bartésago phot.

PLANCHE VI

FIG. 1-11. *Carcharias (Physodon) Ficheuri nobis*, p. 199.

Helvétien. Bonpas. — Coll. Joleaud.

1-3. Dent symphysaire inf^{re} (1, face interne ; 2, profil ; 3, face externe. × 9).

4-6. Dent latérale inf^{re} (4, face interne ; 5, face externe ; 6, profil suivant le côté antér^{r} *a*. × 3).

7-9. Dent latérale sup^{re} (7, face interne ; 8, face externe ; 9, section transversale suivant *a b*. × 3).

10-11. Dent latérale-postér^{re} sup^{re} (10, face externe ; 11, face interne. × 3).

FIG. 12-13. — *Carcharias (Scoliodon) Kraussi* Probst, p. 133.

Helvétien. Bonpas. — Coll. Joleaud.

Dent latérale (12, face interne ; 13, face externe. × 3).

FIG. 14-17. — *Carcharias Blayaci nobis*, p. 197.

Helvétien. Bonpas. — Coll. Joleaud.

14-15. Dent latérale sup^{re} (14, face interne ; 15, face externe. × 3).

16-17. Dent latérale inf^{re} (16, face interne ; 17, profil suivant le côté antér^{r} *a*. × 3).

FIG. 18-20. — *Carcharias Pervinquierei nobis*, p. 196.

Helvétien. Bonpas. — Coll. Joleaud.

Dent latérale (18, face externe ; 19, profil suivant le côté antér^{r} ; 20, face interne. × 3).

FIG. 21-22. — *Galeus affinis* Probst, p. 131.

Helvétien. Bonpas. — Coll. Joleaud.

Dent latérale sup^{re} (21, face externe ; 22, face interne. × 3).

FIG. 23-29. — *Scylliorhinus distans* Probst, p. 124.

Helvétien. Bonpas. — Coll. Joleaud.

23-24. Dent latérale antér^{re} (23, face interne ; 24, profil. × 3).

25. Autre dent latérale antér^{re} (face interne. × 35).

26-29. Dent latérale postér^{re} (26, face interne ; 27, face externe ; 28, profil ; 29, face basilaire. × 3).

PLANCHE VI

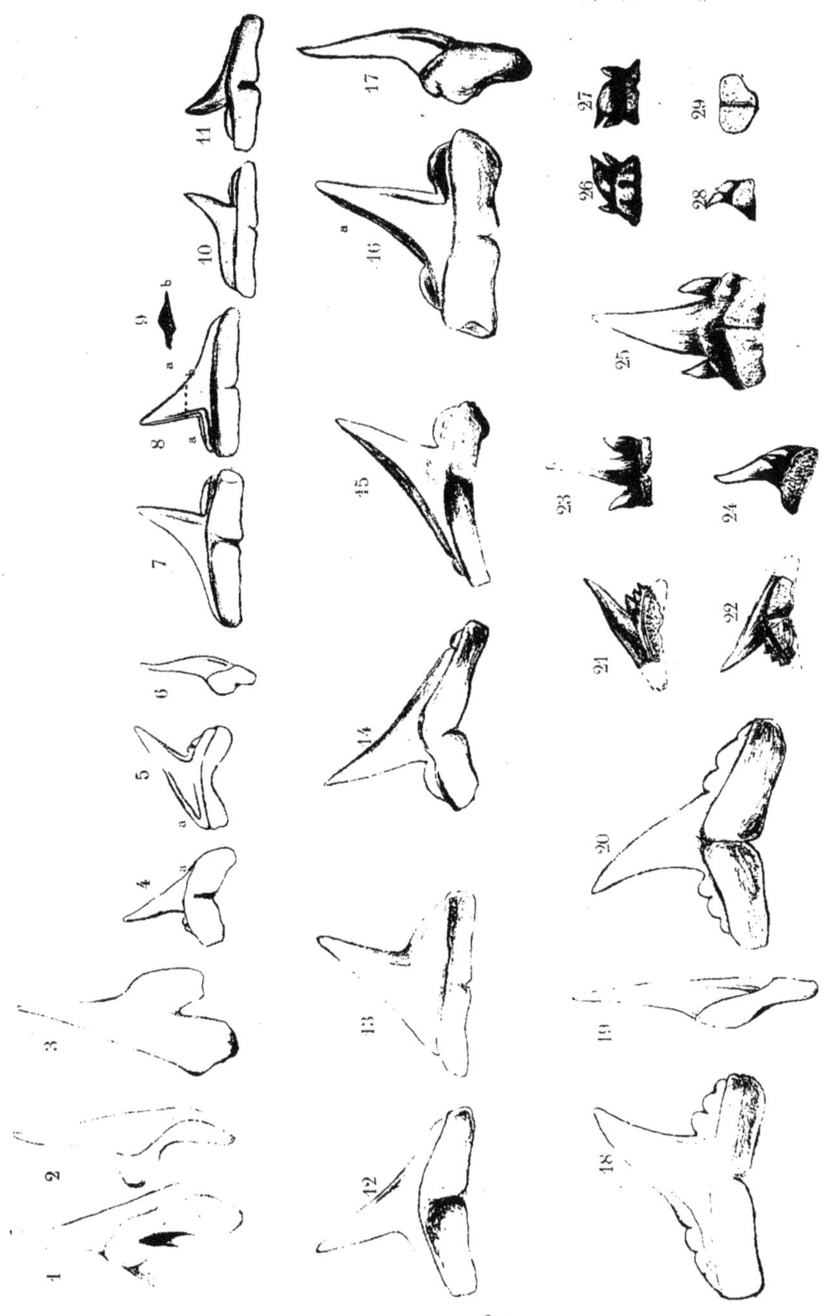

Joleaud delin.

Bartésago phot.

Planche VII

Échelle : $\frac{4}{5}$

Fig. 1-7. — *Oxyrhina Desori* (Ag) Gibbes, Probst, p. 143.

Burdigalien sup^{r}. Les Angles. — Coll. Joleaud.

1-4. Dents latérales inf^{res} (1-3, face interne ; 4, profil).

5-6. Dents latérales sup^{res} (face interne).

Burdigalien sup^{r}. Les Angles. — Coll. Chatelet.

7. Dent latérale sup^{re} (face externe).

Fig. 8-13. — *Oxyrhina xiphodon* (Ag.) Gibbes, Probst, p. 143.

Burdigalien sup^{r}. Les Angles. — Coll. Joleaud.

8-11. Dents latérales inf^{res} (8, face externe, 9-11, face interne).

12. Dent latérale sup^{re} (face interne).

Helvétien Bonpas. — Coll. Joleaud.

13. Dent latérale sup^{re} (profil).

Fig. 14-17. — *Oxyrhina hastalis* Ag., p. 141.

Burdigalien sup^{r}. Les Angles. — Coll. Joleaud.

14-17. Dents latérales inf^{res} (14, 15, face interne ; 16, face externe, 17, profil).

Fig. 18. — *Odontaspis lineata* Probst, p. 138.

Helvétien. Bonpas — Coll. Joleaud.

18. Séries de dents disposées suivant la place qu'elles occupaient dans la bouche (la première dent à gauche est symphisaire, les deux dernières sont du fond de la bouche, l'une en haut, l'autre en bas).

Fig. 19. — *Pycnodus sp.*, p. 257.

Helvétien. Entraigues. — Coll. Joleaud.

19. Dent (vue en dessous).

Fig. 20-21. — *Cétacés indét.*, p. 244.

Burdigalien sup^{r}. Les Angles. — Coll. Joleaud.

20. Périotique gauche (face tournée vers le tympanique).

Tortonien. Rognes. — Coll. Joleaud.

21. Périotique droit (face tournée vers le tympanique).

PLANCHE VII

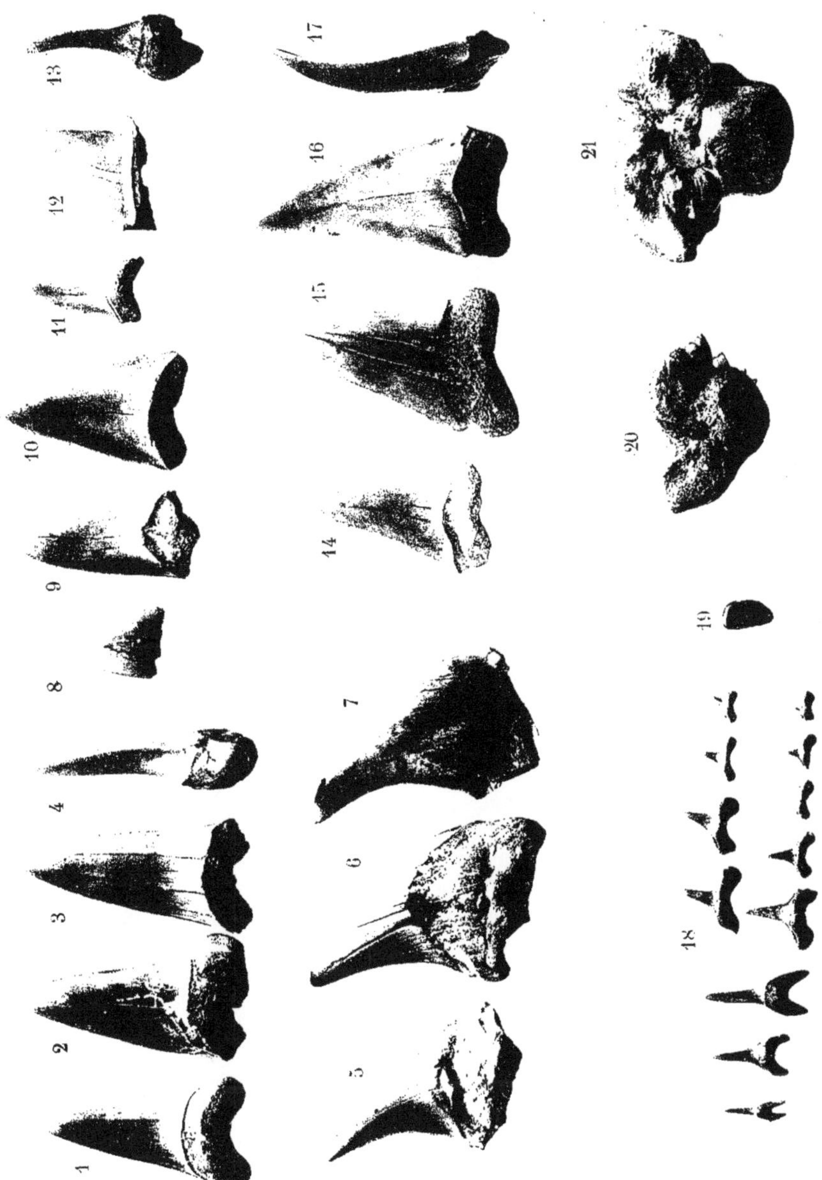

Bartésago phot.

Planche VIII

Fig. 1-4. — *Scymnorhinus triangulus* Probst sp., p. 117.

Helvétien. Bonpas. — Coll. Joleaud.

Dents latérales inf^{res} (1, face interne ; 2, 4, face interne vue par transparence. × 5).

Fig. 5-13. — *Centrophorus radicans* Probst sp.. p. 120, 256.

Helvétien. Bonpas. — Coll. Joleaud.

5-8. Dents latérales sup^{res} (5, 8, face interne ; 6, 7, face externe ; racine en partie brisée. × 5).

9-10. Dent latérale postér^{re} sup^{re} (9, face interne ; 10, face externe ; racine en partie brisée. × 5).

11-12. Dent inf^{re} voisine de la symphyse (11, face externe ; 12, face interne ; vues par transparence. × 5).

13. Dent latérale inf^{re} (face interne, vue par transparence, racine en partie brisée. × 5).

Fig. 14-17. — *Ginglymostoma Miqueli* Priem, p. 125.

Tortonien. Cucuron. — Coll. Deydier.

Dent latérale (14, face externe ; 15, face interne ; 16, profil transversal ; 17, vue en dessus. × 5

Fig. 18-23. — *Chiloscyllium fossile* Probst, p, 126.

Helvétien. Bonpas. — Coll. Joleaud.

18-20. Dent médiane (18, profil ; 19, face interne ; 20, face externe. × 5)

21-23. Dent latérale (21, face externe ; 22, face interne ; 23, profil. × 5).

Fig. 24. — *Pristiophorus suevicus* Jäkel, p. 122.

Helvétien. Bonpas. — Coll. Joleaud.

Dent rostrale (vue par transparence. × 5).

Fig. 25-30. — *Rhynchobatus pristinus* Probst sp., p. 160, 257.

Helvétien. Bonpas. — Coll. Joleaud.

25-27, Dent antér^{re} (25, côté externe ; 26, côté interne ; 27, profil. × 5).

28-30. Dent latérale (28, côté interne ; 29, côté externe ; 30, profil. × 5).

Fig. 31-36. — *Rhynchobatus Mayeri nobis*, p. 203.

Helvétien. Bonpas. — Coll. Joleaud.

Dents latérales (31, 34, côté externe ; 32, 35, vue en dessous ; 33, 36, côté interne. × 20).

FIG. 37-46. — *Raja Gentili nobis*, p. 203.

Helvétien. Bonpas. — Coll. Joleaud.

37-39. Dent antér^re de mâle (37, côté externe; 38, profil; 39, côté interne. X 20).
40-41. Dent latérale-antér^re de mâle (40, côté externe; 41, côté interne. X 20).
42-44. Dent latérale (42, côté externe; 43, côté interne; 44, vue en dessous. X 20).
45-46. Boucle (45, profil; 46, face externe — X 20.

FIG. 47-50. — *Trygon rugosus* Probst, p. 153.

Helvétien. Bonpas. — Coll. Joleaud.

47. Dent antér^re de mâle (profil. X 5).
48-50. Dent latérale (48, profil; 49, côté externe; 50, côté interne. X 5).

FIG. 51-53. — *Trygon strangulatus* Probst, p. 155.

Helvétien. Bonpas. — Coll. Joleaud.

Dent latérale (51, profil; 52, côté externe; 53, côté interne. X 5).

PLANCHE VIII

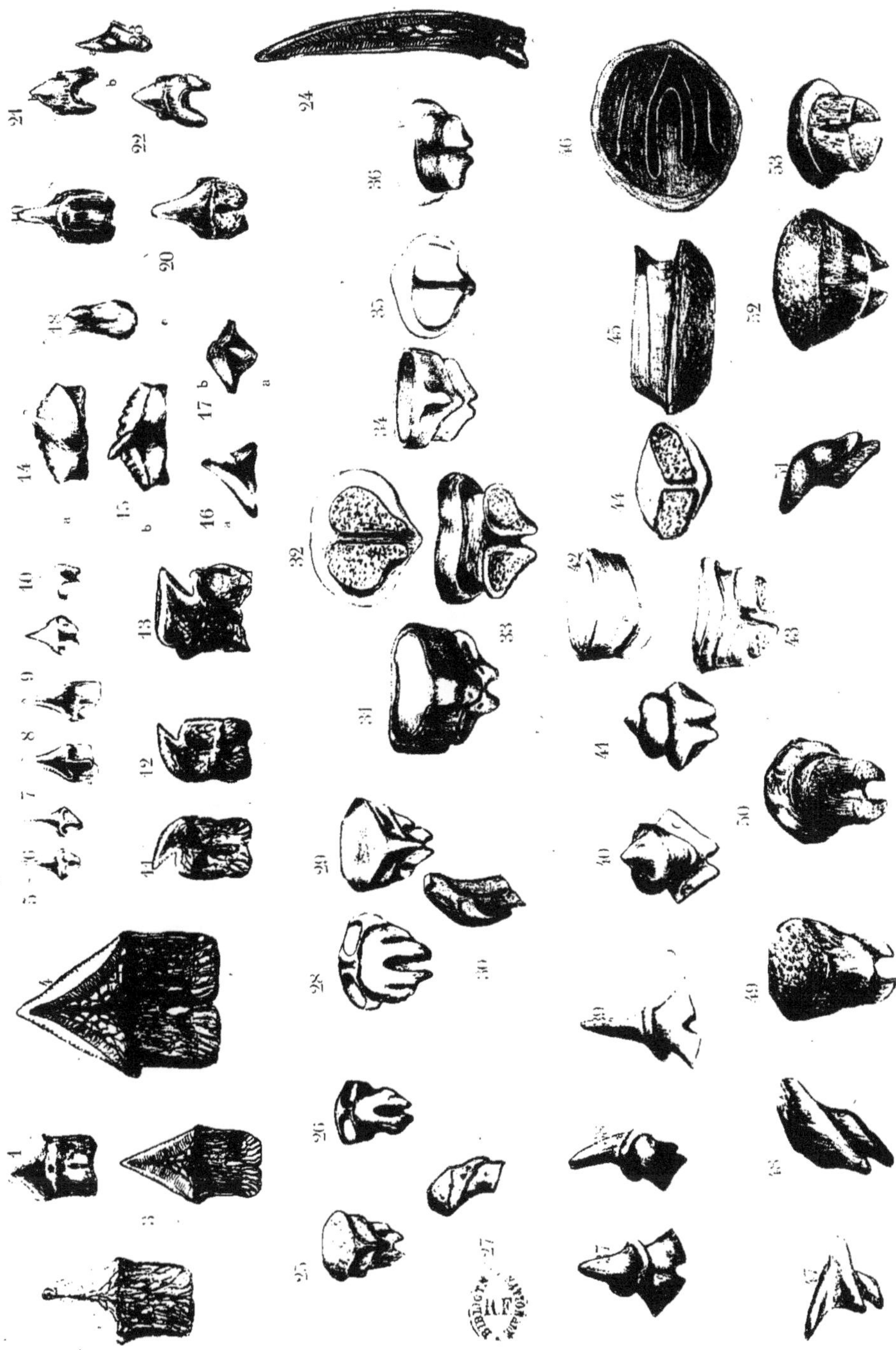

Joicaud delin. *Bartèsago phot.*

Planche IX

Fig. 1-5. — *Cybium* (?), p. 209, 257.

Burdigalien sup^{r}. Les Angles. — Coll. Bartésago.

1-2. Dent (1, face latérale ; 2, section transversale vers la base. G. n.).

Helvétien. Villeneuve. — Coll. Chatelet.

3-5. Dent d'une autre espèce (3, face latérale ; 4, section transversale vers la base ; 5, profil. G. n.).

Fig. 6-8. — *Diodon sp.*, p. 208.

Burdigalien sup^{r}. Les Angles. — Coll. Chatelet.

6. Plaque dentaire (vue en dessus. G. n.).

7-8. Demi-plaque dentaire (7, vue en dessus ; 8, profil montrant les lames superposées. G. n.).

Fig. 9. — *Nummopalatus Gaudryi* Sauvage, p. 211.

Tortonien. Cucuron. — Coll. Deydier.

Plaque pharyngienne inférieure (G. n.).

Fig. 10. — *Scarus Suevicus* Probst, p. 257.

Burdigalien sup^{r}. Les Angles. — Coll. Chatelet.

Groupe de dents maxillaires (× 6).

Fig. 11-16. — *Chrysophrys cincta* Ag. sp., p. 213.

Burdigalien sup^{r}. Les Angles. — Coll. Joleaud.

11-14, 16. Dents postér^{res} (11, 13, profil ; 12, 14, vue en dessous ; 16, section transversale. G. n.).

15. Dent antér^{re} (profil. G. n.).

Fig. 17-21. — *Chrysophris sp.*

Tortonien. Maucail. — Coll. Joleaud.

Dents latérales (17, 20, profil ; 18, 21, vue en dessous ; 19, vue en dessus. G. n.).

Fig. 22, 23. — *Chrysophrys Agassizi* Sismonda, p. 214.

Burdigalien sup^{r}. Les Angles. — Coll. Joleaud.

Dent antér^{re} (22, profil ; 23, vue en dessous. G. n.).

Fig. 24-33. — *Chrysophrys Pedronii* Fischer, p. 215.

Tortonien. Cucuron. — Coll. Deydier.

24-25. Dent antér^{re} (24, profil ; 25, vue en dessous. G. n.).

25-31. Dents latérales (26, 28, 30, profil ; 27, 29, 31, vue en dessous. G. n.).

Tortonien. Rognes. — Coll. Joleaud.

32-33. Dent postér^{re} (32, profil ; 33, vue en dessous. G. n.).

Fig. 34-39. — *Chrysophrys Deydieri nobis*, p. 216.

Helvétien. Bonpas. — Coll. Joleaud.

34-35. Dent antér^{re} (34, profil ; 35, vue en dessous. × 2,5).
37-38. Dent postér^{re} (37, profil ; 38, vue en dessous. × 2,5).
39. Dent pharyngienne (profil. × 10).

Helvétien. Villeneuve. — Coll. Bartésago.

36. Dent latérale (profil. × 2,5).

Fig. 40-51. — *Sargus incisivus* Gerv., p. 217.

Burdigalien sup^r. Les Angles. — Coll. Joleaud.

40-44. Dent antér^{res} (40, 44, face interne ; 41, profil ; 42, face externe ; 43, section transversale. G. n.).
45-46. Dent antér^{re} latérale (45, face externe ; 46, profil. G. n.).
47-49. Dents postér^{res} (47, vue en dessous ; 48, section transversale ; 49, vue en dessus. G. n.).
50-51. Dent pharyngienne (50, élévation ; 51, section transversale vers la base. × 3).

Fig. 52-54. — *Charax Haugi nobis*, p. 218.

Helvétien. Chateauneuf-Calcernier. — Coll. Joleaud.

Dent antér^{re} (52, face interne ; 53, profil ; 54, face externe. × 3).

Fig. 55-56. — *Dentex Chateleti nobis*, p. 219.

Helvétien. Bonpas. — Coll. Joleaud.

Dent antér^{re} (55, profil ; 56, vue en dessous. × 4).

Fig. 57-59. — *Squalodon sp.*, p. 242.

Tortonien. Cucuron. — Coll. Deydier.

Incisive (57, 58, profils ; 59, section transversale de la partie moyenne. G. n.).

Fig. 60, 61. — *Cétacé indét.*, p. 244.

Helvétien. Cucuron. — Coll. Deydier.

Fragment de bulla (G. n.).

PLANCHE IX

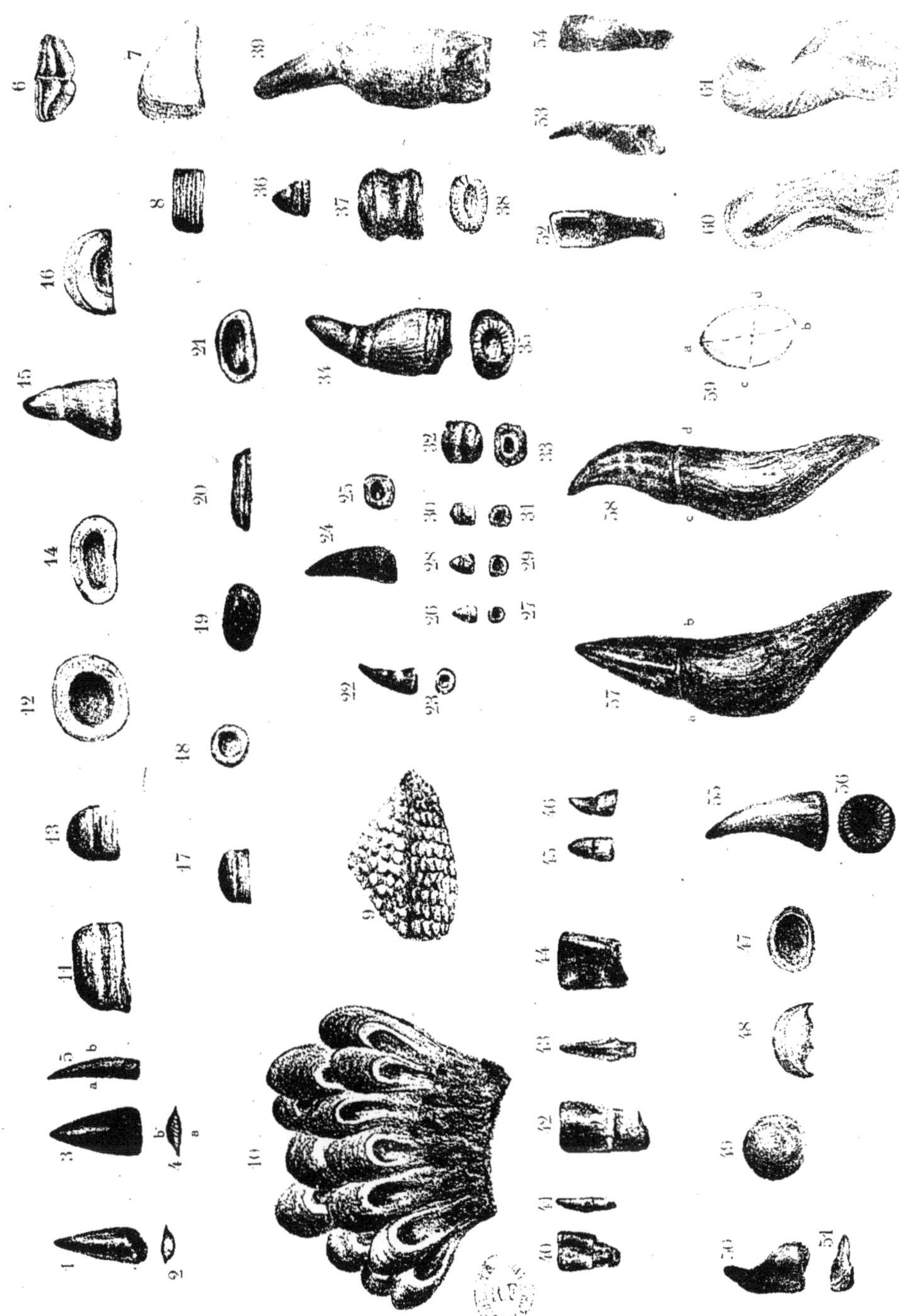

Joleaud delin. *Bartésago phot.*

Planche X

Fig. 1-2. — *Rhinoceros (Ceratorhinus) sansaniensis* Lartet, p. 257.

Helvétien. Grillon. — Coll. Granet.
Portion de mandibule (1, face externe; 2, face interne. G. n.)

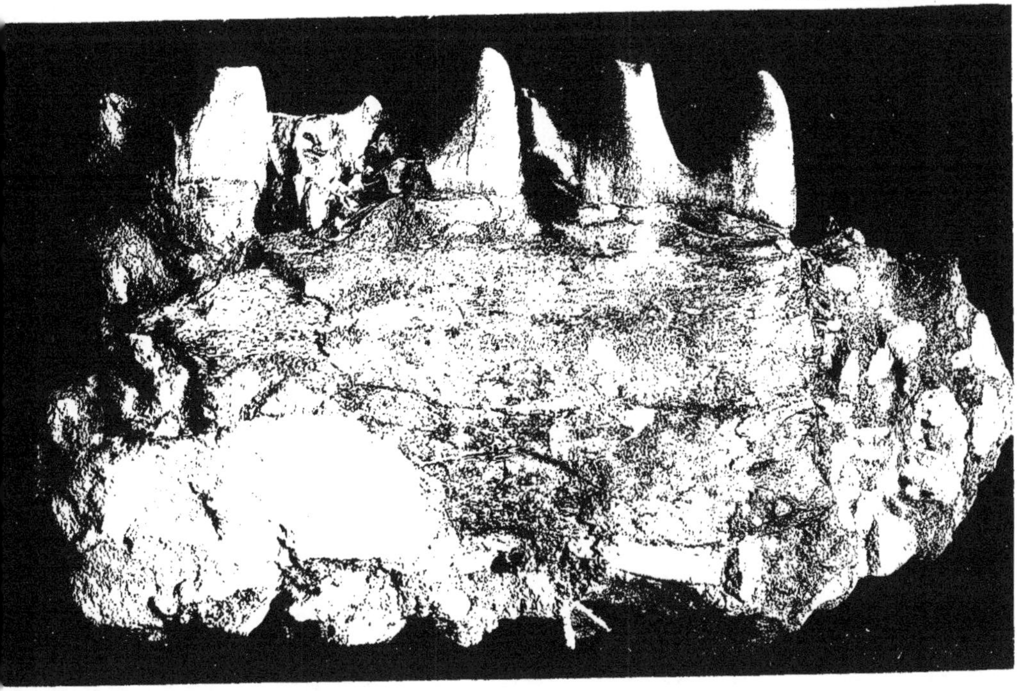

PLANCHE X

1

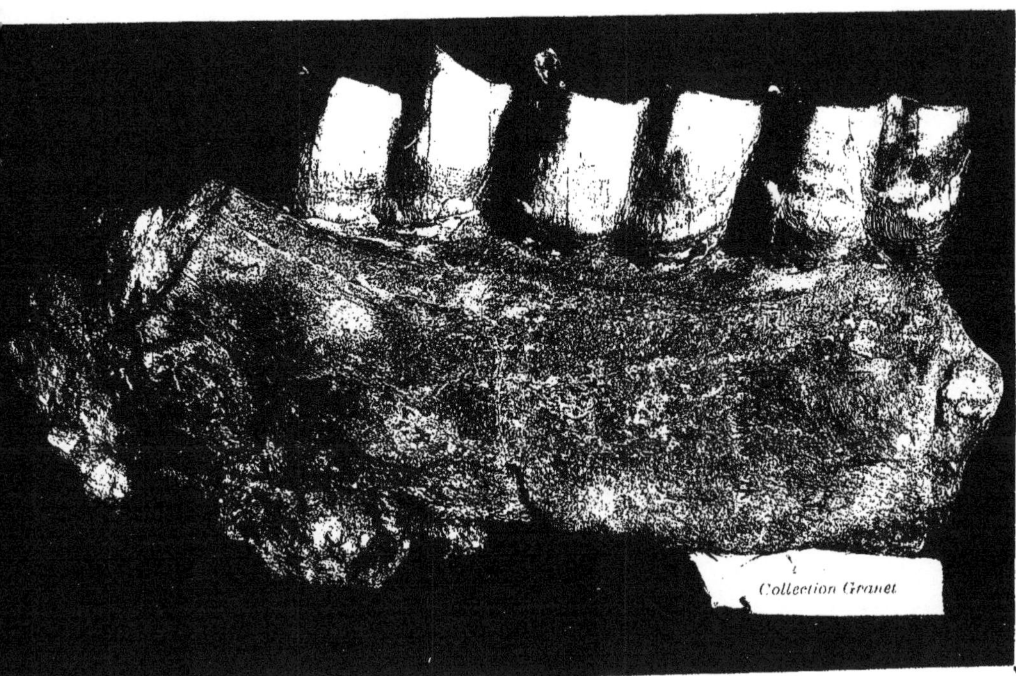

Bartésago phot.

2

Planche XI

Rhinoceros (Celorhinus) sansanensis Lartet, p. 257

Helvétien. Grillon. — Coll. Granet.
Portion de mandibule (vue en dessus. G. n.)

PLANCHE XI

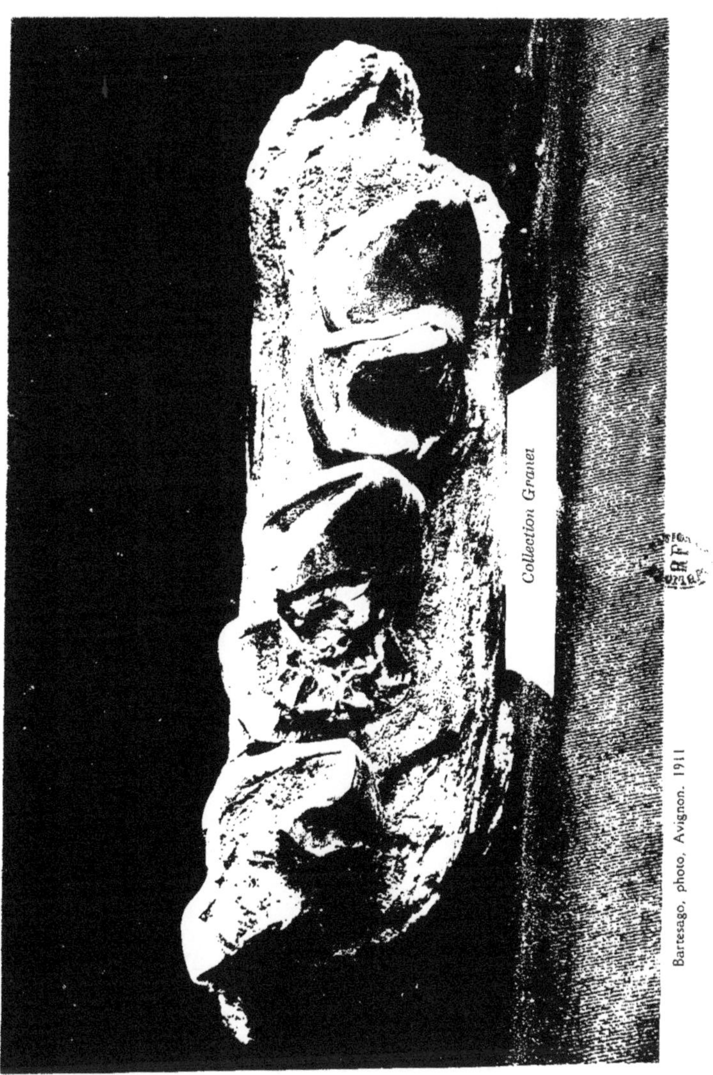

Bartesago, photo, Avignon. 1911

Index alphabétique
des principales localités du Néogène du Comtat (1)

(1) Les nombres en chiffres arabes venant immédiatement après le nom de la localité renvoient aux pages du fascicule I ; les nombres en chiffres romains se rapportent aux planches et ceux en chiffres arabes placés entre parenthèses correspondent aux figures du fascicule II.

Index alphabétique
des espèces de Vertébrés du Néogène du Comtat (1)

(1) Les nombres en chiffres arabes venant immédiatement après le nom d'espèce renvoient aux pages des fascicules I et II ; les nombres en chiffres romains se rapportent aux planches et ceux en chiffres arabes placés entre parenthèses correspondent aux figures du fascicule II.

TABLE GÉNÉRALE

DES FASCICULES I & II

www.ingramcontent.com/pod-product-compliance
Ingram Content Group UK Ltd.
Pitfield, Milton Keynes, MK11 3LW, UK
UKHW021314190726
13839UKWH00007B/1503